成长红绿灯之安全伴你行

儿童自身安全

郑术焱 编著

旅游教育出版社

责任编辑：何玲

图书在版编目（CIP）数据

儿童自身安全 / 郑术焱编著 . -- 北京 ：旅游教育
出版社， 2017.11
（成长红绿灯之安全伴你行）
ISBN 978-7-5637-3643-0

Ⅰ．①儿… Ⅱ．①郑… Ⅲ．①安全教育－儿童读物
Ⅳ．① X956-49

中国版本图书馆 CIP 数据核字（2017）第 262334 号

成长红绿灯之安全伴你行

儿童自身安全

郑术焱　编著

出版单位 ：	旅游教育出版社
地　　址 ：	北京市朝阳区定福庄南里 1 号
邮　　编 ：	100024
发行电话 ：	（010）65778403　65728372　65767462（传真）
本社网址 ：	www.tepcb.com
E-mail ：	tepfx@163.com
印刷单位 ：	三河市南阳印刷有限公司
经销单位 ：	新华书店
开　　本 ：	210×222　　1/12
印　　张 ：	17
字　　数 ：	250 千字
版　　次 ：	2017 年 12 月第 1 版
印　　次 ：	2017 年 12 月第 1 次印刷
定　　价 ：	49.00 元

目录

门铃响了，猫眼中看到的人不认识；来了一通陌生电话，对方向你询问家庭住址；放学路上，发现陌生人跟踪……小朋友们遇到这些情况时，该怎么办呢？本书通过故事的形式，引出建议，讲解自救方法，从而使孩子们提高安全意识，学会自我保护。

陌生人的冰激凌

（不要接受陌生人的礼物）

小朋友，一个人独处的时候，千万不要吃陌生人提供的东西，也不能轻信陌生人的话，更不能跟陌生人走！

周末，妈妈带着小猫皮皮去公园，天气非常炎热，小猫皮皮有点口渴了，他对妈妈说："妈妈，我想喝水。"

"皮皮，你在这儿乖乖地等着妈妈，我去给你买水喝！"妈妈转身去给小猫皮皮买水，小猫皮皮一个人坐在凉亭里等妈妈。

不一会儿，一个阿姨走过来，手里还拿着小猫皮皮最喜欢吃的冰激凌呢！她满脸笑容地说："小朋友，口渴了吧？这是阿姨给你买的冰激凌，味道棒极了，快来尝一尝吧！"

"谢谢阿姨！"小猫皮皮摇摇头说，"妈妈去给我买水了，你看，她就在那边！"

阿姨听完小猫皮皮的话，灰溜溜地离开了。

小朋友，你们说小猫皮皮做得对吗？

我要等妈妈

（陌生人来接你怎么办）

对诗陌生人要有礼貌，但是不能轻易相信他们的话，更不能跟陌生人走。在爸爸妈妈到来之前，一步也不能离开老师，否则就可能会有危险。

　　放学了，熊猫贝贝一个人站在门口等妈妈。"哎呀，小朋友都被爸爸妈妈接走了，我妈妈怎么还不来呀！"熊猫贝贝伸长了脖子，使劲儿往远处看着。

这时，突然有个叔叔走过来说："宝贝儿，一定等着急了吧？你妈妈今天有事，让我来接你，走，我们一起回家吧！"

　　熊猫贝贝使劲摇摇头，叔叔接着又笑容满面地说：
"噢，我知道了，你一定是想玩碰碰车了！叔叔带你去
儿童乐园好不好？"

熊猫贝贝有点动心了，因为他最喜欢玩的就是碰碰车！可是妈妈说过，不能随便跟陌生人走，熊猫贝贝想了想，还是坚定地摇了摇头。

　　"贝贝，快过来！"幸好这个时候妈妈及时赶到。贝贝终于松了
一口气，一下子扑进了妈妈的怀里。那个叔叔慌忙溜走了。

不开，不开，我不开

（不能随便给陌生人开门）

门是忠诚的卫士，守护着我们的家，但是不能给我们带来绝对的安全；真正能把危险拒之门外的，是我们自身的安全意识。

　　早上，妈妈去买菜，留下美美兔一个人在家，妈妈细心地嘱咐美美兔说:"宝贝儿，一个人在家要乖乖的，千万不能给陌生人开门哦!"

妈妈出门后，美美兔一边玩着芭比娃娃，一边等妈妈回家，一小时过去了，两小时过去了……可是妈妈还是没有回来！

16

"叮咚，叮咚……"突然响起了清脆的门铃声，哈哈，一定是妈妈回来了！美美兔兴冲冲地跑去开门。

美美兔透过门镜往外看,不对呀!怎么是一位陌生的阿姨呢?"不开,不开,坚决不能开!"美美兔撇撇嘴。门铃又响了几次,美美兔始终没有开门。陌生阿姨见状,只好叹了口气,转身离开了。

18

"叮咚，叮咚……"门铃又响了起来，是妈妈！美美兔开心地打开房门，一头扑进了妈妈的怀里。

19

机智的歪歪猴

（有人跟踪怎么办）

如果发现自己被陌生人跟踪，不要惊慌、害怕，只有沉着冷静地面对，才能迅速找到保护自己的方法。

歪歪猴上大班了，他向爸爸妈妈宣布："爸爸、妈妈，我已经是大孩子了，以后我要自己去上学！"

21

一天，歪歪猴放学后依然自己回家，当他穿过一片花坛时，突然发现一个陌生的叔叔紧紧地跟着自己。

穿过花坛，就是一条宽阔的马路，来往的行人和车辆真不少，
歪歪猴灵机一动，拼命向那边跑去！

"爸爸，等等我！"歪歪猴一边跑，一边大声喊道。陌生叔叔见状，灰溜溜地逃走了。

歪歪猴的机智终于让自己脱险了，小朋友，
我们是不是应该向他学习呢？

美美兔脱险记

（电梯中遇到坏人怎么办）

在电梯中遇到坏人不要慌张，应该按下电梯在行进过程中最近一层的按钮，及时走出电梯。

美美兔的家住在一栋
高楼的顶层，她每天都要
乘坐电梯出门、回家，小
朋友们非常羡慕。

一天，美美兔放学回家，她像平常一样走进了电梯，电梯门刚要关上，突然一个陌生叔叔挤了进来。

电梯里只有他们俩，美美兔发现那个叔叔正在不怀好意地盯着自己，顿时觉得害怕极了！

29

怎么办呢？
美美兔急中生智，
按下了电梯最近一层的
按钮，匆匆忙忙走出了电梯。

美美兔终于脱险了！她耐心地等到了下一趟电梯，安全地回到了家。

迷路了

（迷路了怎么办）

如果外出时迷路了，一定不要着急，可以把自己的家庭住址告诉警察叔叔，向他们寻求帮助。

　　夏天，妈妈带着熊猫贝贝去公园玩，池塘里的荷花开得真漂亮呀！熊猫贝贝开心极了。

远处飞来一只红蜻蜓，好漂亮啊！熊猫贝贝追着蜻蜓跑呀跑，蜻蜓在前面飞呀飞，怎么都不肯停下来。

　　熊猫贝贝只顾追着蜻蜓跑，离妈妈越来越远了，
可是他一点儿都没有觉察到。

蜻蜓飞走了，熊猫贝贝失望地往回走，却发现妈妈不见了！他只好一路哭着找到了警察叔叔。

在警察叔叔的帮助下，熊猫贝贝终于找到了妈妈。妈妈一边感谢警察叔叔，一边提醒贝贝："以后可千万不能乱跑了！""知道了……"贝贝扑进妈妈怀里羞愧地低下了头。

妈妈，你在哪里

（在商场和妈妈走散了怎么办）

商场内环境复杂，人群密集，逛商场时，大人注注关注商品，而小朋友又活泼好动，因此，一不留神就可能走散，大家一定要当心哦！

六一儿童节快要到了，妈妈准备送给美美兔一条漂亮的花裙子。

商场里的漂亮裙子真不少，美美兔看得眼花缭乱，"妈妈，妈妈，这些裙子好漂亮，我都喜欢！"美美兔兴奋地喊道。

美美兔开心地挑选着裙子，一回头，却发现妈妈不见了。

"呜呜呜……妈妈……"美美兔急得大哭起来。

"小朋友，不要着急！"售货员阿姨安慰美美兔说，"我们会帮你找到妈妈的！"

　　售货员阿姨通过广播帮美美兔找到了妈妈，美美兔终于安全地回到了妈妈的身边。"妈妈！"美美兔高兴地跳入妈妈怀中，并转头说道："谢谢阿姨！"

陌生人的电话

（不要把家里的地址告诉陌生人）

电话是我们日常生活中最常用的通信工具，同时它也常被坏人当作犯罪工具。作为家里的小主人，你可要提高警惕：当接到陌生人来电时，一定不要泄露家庭的小秘密哟！

一天，爸爸妈妈去上班，留下小猫皮皮一个人在家，他生病了。大象医生说需要好好休息！

突然，丁零零的电话铃声吵醒了小猫皮皮，一定是妈妈打来的！小猫皮皮满心欢喜地接起电话，可是电话那头却传来一个陌生阿姨的声音，小猫皮皮好失望。

"小朋友,"陌生人说,"我有一件礼物要送给你妈妈,能把你们家的地址告诉我吗?"

"我家住在……"小猫皮皮刚要说出自己家的住址，突然想起长颈鹿阿姨说过，不能随便把自己家的地址告诉陌生人。

于是，小猫皮皮眨眨眼睛，对着电话说："对不起，我妈妈去楼下买东西了，您等一会儿再打过来吧！"

离家出走的歪歪猴

（不要单独外出）

小朋友，即使爸爸妈妈批评了你，也不能离家出走，因为流浪在外很不安全，有可能会遇到坏人。

50

要吃晚饭了，妈妈做了几样歪歪猴爱吃的菜，"妈妈，我来帮你端菜吧！"歪歪猴乐得手舞足蹈。

　　歪歪猴开开心心地帮妈妈端菜，可是不一会儿就玩出了新花样，他用食指托着盘底说："妈妈，快来看我的'一指禅'！"话音未落，盘子就掉在地上，摔得粉碎。

妈妈狠狠地批评了歪歪猴，可是歪歪猴觉得非常委屈，他趁妈妈不注意，一个人偷偷地溜出了家。

天黑了，歪歪猴一个人蜷缩在角落里，又冷又饿，心里害怕极了。"呜呜……好害怕，会不会遇到老巫婆呢？"

54

"歪歪猴，你在哪里……"是妈妈的声音！"妈妈！"
歪歪猴扑到了妈妈的怀里，愧疚地说："妈妈，我再也不
离家出走了！"

秋千秋千高高

（荡秋千不要荡太高）

秋千是游乐场中很受小朋友们欢迎的一种游乐设施，但是如果不注意安全很容易受伤，享受快乐的同时可千万不要忘记安全哦！

美美兔最喜欢荡秋千了。一天，她和好朋友歪歪猴约好一起去公园荡秋千。

美美兔迫不及待地坐到了秋千上，对歪歪猴喊道："歪歪猴，快来推我呀！"

歪歪猴使劲帮美美兔推秋千。"太好玩了，太好玩了！再高点，再高点！"公园里不时传来美美兔开心的笑声。

秋千越荡越高，美美兔
有些害怕了，可是秋千像是
上足了发条的陀螺，怎么都
停不下来，美美兔急得哇哇
大哭。

刚好河马大叔路过，抓住秋千把美美兔抱了下来。河马大叔语重心长地说道："孩子，以后玩秋千的时候，一定要有大人陪同，这样才能保护你的安全！"

玩具枪，真危险

（不要随便玩玩具手枪）

> 能发射子弹的玩具枪非常危险，所以家长给孩子买玩具的时候，最好不要选择这种类型的玩具枪。

爷爷给小猪圈圈买了一把漂亮的玩具手枪，还能射出硬硬的塑料子弹呢！真是太神气了！

幼儿园里的小朋友都喜欢
小猪圈圈的玩具枪，小猪圈圈
非常得意！

一天，小猪圈圈拿着玩具枪和小朋友们玩起了警察抓小偷的游戏，他举起枪射向扮演小偷的歪歪猴。

不好，子弹打中了歪歪猴的鼻子，歪歪猴流起了鼻血，疼得哇哇大哭！

长颈鹿老师批评了小猪圈圈，小猪圈圈懊悔地说："歪歪猴，对不起，早知道这支玩具枪这么危险，我就不会拿来和大家玩了！"

真想变成蜘蛛侠

（不模仿危险动作）

电影里的许多惊险动作，都是由特技演员来完成的。而且，许多惊险镜头都是经过特殊技术制作合成的，如果盲目模仿，有可能造成严重伤害甚至危及生命。

周末，妈妈带着歪歪猴去电影院看《蜘蛛侠》，
歪歪猴非常开心。

看着电影中蜘蛛侠飞檐走壁的样子，歪歪猴真是太崇拜了！"要是我也能变成蜘蛛侠该多好呀！"歪歪猴暗想。

可是怎样才能变成蜘蛛侠呢？歪歪猴看到了妈妈的长丝袜，突然灵机一动，他取来妈妈的丝袜，给自己装扮起来。

"妈妈，妈妈！"歪歪猴全副武装地来到妈妈面前，"我变成蜘蛛侠了，我也可以飞檐走壁了！"

72

"孩子，千万不能模仿这些危险动作！"
妈妈说，"这样很容易受伤。"

让我们荡起双桨

（划船的时候要穿好救生衣）

"让我们荡起双桨，小船儿推开波浪……"天气晴朗的周末，跟爸爸妈妈一起去公园划船，是件多么快乐的事情啊！

但划船时一定要注意安全哦，掉进水里可不是闹着玩的！

春天，长颈鹿阿姨带着小朋友们去公园划船，大家别提有多开心啦！

长颈鹿阿姨给小朋友每人发了一件救生衣，并叮嘱道："大家上船前一定要穿好救生衣哦！"

鼓鼓囊囊的救生衣，穿上去可真难看呀！美美兔一点儿都不喜欢，她趁着长颈鹿阿姨不注意，偷偷地脱掉了救生衣。

　　长颈鹿阿姨发现了，对美美兔说："孩子，你可不能小看这件救生衣，它会在你不小心落水时保护你，赶快穿上它！"

听完了长颈鹿阿姨的话，美美兔虽然有点不情愿，但还是乖乖地穿上了救生衣。

别急别急，
停稳了

（玩旋转木马要当心）

游乐园中有好多大型的娱乐设施，小朋友们在享受快乐的同时，一定不要忽视安全，否则很容易受伤的。

星期天，妈妈带着熊猫贝贝去游乐园。游乐园里好玩的东西可真不少！

81

熊猫贝贝最喜欢玩的是
旋转木马，他坐在旋转木马
上，开心地向妈妈挥着手。

过了一会儿，旋转木马游戏结束了，木马还没有完全停稳，熊猫贝贝就迫不及待地跳了下来，准备去玩别的项目。

熊猫贝贝突然一个趔趄摔在了地上，疼得他哇哇大哭。

妈妈走过来一看，发现熊猫贝贝的脚扭伤了。

妈妈把熊猫贝贝送进了医院，贝贝懊恼地说：

"妈妈，我以后再也不这么着急了！"

沙滩上的城堡

（玩沙子要注意）

眼睛是人体最重要的器官之一。如果沙子不小心进入眼睛，一定要及时正确处理哦！

夏日的傍晚，小猫皮皮跟着爸爸妈妈一起去沙滩上乘凉。

突然，小猫皮皮发现了一个熟悉的身影，咦，那不是歪歪猴吗？"歪歪猴，你在玩什么呢？"皮皮兴高采烈地跑了过去。

"皮皮，快过来，咱们一起建一个大城堡吧！"正在玩沙子的歪歪猴开心地招呼小猫皮皮。

"好呀，好呀！"两人正玩得开心，突然小猫皮皮的眼睛里不小心进了沙子。

"呜呜……" 小猫皮皮真是难受死了！小朋友，你们以后玩沙子一定要当心哦！

滑板追逐赛

（玩滑板要注意）

滑板是少年儿童十分热衷的一项运动，它对提高身体的平衡能力、柔韧性以及应急反应能力大有益处。不过，它也存在一定的安全隐患，一不小心就有可能受伤哦！

一天，歪歪猴找到小猪圈圈，想和他进行
一场滑板比赛，还请来河马大叔当裁判！

93

擅长运动的歪歪猴觉得自己在滑板比赛中一定能赢，
他还不停地朝着全副武装的小猪圈圈扮鬼脸呢！

比赛马上就要开始了，歪歪猴和小猪
圈圈摩拳擦掌，河马大叔大声喊道："预备，
开始！"两人奋力冲向终点。

95

"咣当……"歪歪猴突然脚下一滑摔倒了，屁股摔得生疼。"哎哟！哎哟！"

还好，歪歪猴没有受伤，可是小猪圈圈却早就冲到了终点！

难吃的 玩具

（不要随便把玩具放进嘴里）

将玩具放进嘴里啃咬，不但不卫生，还会引发各种危险，小朋友一定不要养成这样的坏习惯。

活动课上，美美兔和小猪圈圈一起玩起了过家家的游戏，他们玩得真开心！

　　小猪圈圈拿起一个橡胶樱桃，塞进了嘴里。"呸呸呸，真难吃！"
小猪圈圈皱着眉头，立刻把橡胶樱桃吐了出来。

不一会儿，小猪圈圈又把玩具飞机塞进了嘴里，"哎哟！"小猪圈圈的嘴巴被飞机上的尖角划伤了，虽然只是个小伤口，可是真疼！

听到小猪圈圈的叫声，长颈鹿阿姨赶忙跑过来，她一边仔细检查小猪圈圈的伤口，一边说："孩子，玩具是用来玩的，可不是拿来吃的呀！"

听完长颈鹿阿姨的话，小猪圈圈红着脸低下了头。

危险的衣柜

（不要藏在衣柜里）

衣柜是一个封闭的空间，如果把柜门关上，长时间待在里面，很容易造成呼吸困难，甚至引起窒息。

　　暑假，趁着妈妈外出的机会，熊猫贝贝约了美美兔一起在家玩捉迷藏。游戏开始了，美美兔被蒙上了眼睛，她大声喊道："贝贝，你藏好了吗？"

美美兔开始喊："……5，4，3……"可是藏在哪里好呢？
熊猫贝贝急得像热锅上的蚂蚁。

突然，熊猫贝贝眼前一亮，"有了，藏在妈妈的衣柜里，美美兔一定找不到我！"

熊猫贝贝藏进了衣柜，
可是衣柜里好闷呀，他突然
感到一阵眩晕。

妈妈回家了，从衣柜中抱出了熊猫贝贝，贝贝搂着妈妈的脖子，懊恼地说："妈妈，衣柜真不是玩捉迷藏的好地方！"

贪吃的小猪圈圈

（乱拉桌布很危险）

　　小朋友千万不能乱拉桌布，因为这样做非常容易被餐桌上的东西砸到或者烫伤。

妈妈买回好多水果，
还有小猪圈圈最喜欢吃
的大鸭梨呢！

"吃水果喽，吃水果喽！"
妈妈在厨房洗水果，小猪圈圈
开心地跑来跑去。

妈妈把洗好的水果放到了餐桌上，突然房间里响起了电话铃声。
"孩子，妈妈去接个电话，一会儿给你拿水果吃！"

望着餐桌上诱人的大鸭梨，小猪圈圈再也忍不住了，他使劲拽着桌布，果盘离他越来越近了……

突然，咣当一声，果盘摔到了地上，水果滚了一地。

原来乱拉桌布这么危险呀！

呜呜！好多红痘痘

（别用妈妈的化妆品）

小孩子的皮肤非常娇嫩，成人化妆品中含有的某些化学物质，可能会使娇嫩的皮肤出现过敏症状，所以不要乱动妈妈的化妆品，更不要学着妈妈的样子化妆！

妈妈的梳妆台上摆满了各种各样的化妆品，美美兔对这些精美的瓶瓶罐罐充满了好奇。

117

一天，趁着妈妈不注意，美美兔拿起妈妈的化妆品给自己打扮起来。

118

化完妆的美美兔浑身香喷喷的！她心里美滋滋的，可是不一会儿，脸上却长出了好多红痘痘，真是痒死了！

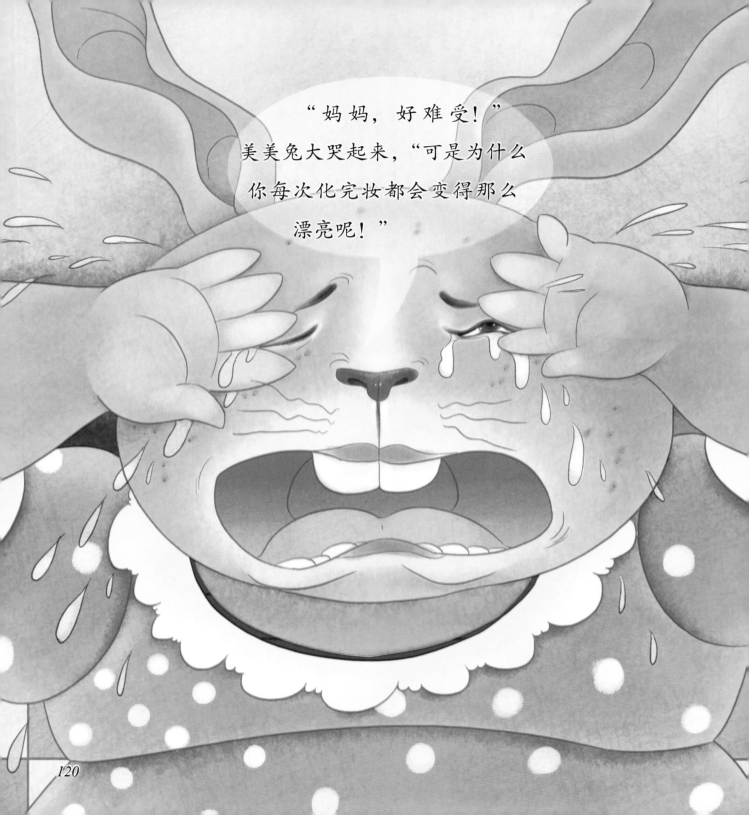

"孩子，因为这是大人的化妆品呀！"妈妈看着美美兔难受的样子说，"明天妈妈带你去买小孩子专用的化妆品，这样你就不会过敏了！"

电风扇会 "咬人"

（旋转的电风扇不能玩）

电风扇在炎热的夏天会给我们带来一阵阵清凉，但是，它也是个危险的家伙，有时会"咬人"哟！

夏天到了，天气非常闷热，就算刚刚
吃完西瓜，熊猫贝贝也不觉得凉快！

妈妈给他打开了电风扇，熊猫贝贝站在电风扇前吹来吹去，真是舒服极了！

124

"一片，两片，三片……多好玩的叶子呀！"熊猫贝贝注视着正在旋转的电风扇，伸手就要摸一摸。

"贝贝，住手，太危险了！"妈妈连忙阻止他说，"当电风扇转动的时候，千万不要把手指伸进防护网内，否则，旋转的叶片会把你的手指弄伤的！"

126

　　熊猫贝贝点点头，说："妈妈，我知道了，我还要告诉我的好朋友歪歪猴呢！"

洗个热水澡

（不能独自在注满水的浴缸里洗澡）

洗澡不仅能清洁肌肤、防止细菌滋生，还能缓解身体疲劳。洗澡本是件很惬意、很舒服的事情，倘若不小心，也会发生意外哦！

暑假的一天，小猪圈圈踢完球，
浑身脏兮兮地回到了家。

"要是能洗个热水澡，那真是太舒服了！"
小猪圈圈边脱衣服边想。

130

妈妈在午休，小猪圈圈蹑手蹑脚地走进浴室，打开水龙头，不一会儿，浴缸里就装满了水。

"终于可以舒舒服服洗个澡了！"
小猪圈圈一边美滋滋地哼着歌儿，一
边准备爬进浴缸。

妈妈看到了，赶忙跑进浴室说道："圈圈，你还太小，独自一个人洗澡会有危险的！来，让妈妈帮你。"

摔了个屁股蹲儿

（小心湿地板）

在湿地板上奔跑很容易滑倒，因此千万不能光着脚在湿地板上行走，要穿上防滑的拖鞋！

周末，妈妈正在忙着做家务，
小猫皮皮懒洋洋地躺在床上玩游戏。

135

妈妈一边拖地，一边叮嘱小猫皮皮：
"孩子，要等地板干了才能下床玩儿！"

136

妈妈刚出去，小猫皮皮就把妈妈的话抛到了脑后，"哼，湿地板有什么了不起！"

"哎哟！" 小猫皮皮结结实实地摔了个屁股蹲儿！

138

"好疼呀，要是听妈妈的话就好了！"小猫皮皮一边揉着屁股，一边自言自语道。

好奇惹的祸

（插电的熨斗可别碰）

电熨斗加热后温度会很高，用手直接触摸加热后的部位，很容易被烫伤，这可不是闹着玩的哦！

妈妈在熨衣服，
小猪圈圈好奇地看着
妈妈手中的电熨斗在
衣服上来回滑动着。

141

"妈妈，你是在开小火车吗？"
小猪圈圈说，"太好玩了！"

142

"叮咚……"门铃响了，妈妈去开门，小猪圈圈好奇地摸了一下电熨斗。

"好烫呀！"小猪圈圈白白胖胖的小手立刻红了一大片，疼得哇哇大哭起来。

"哎，真倒霉！"小猪圈圈沮丧地说，
"都是好奇惹的祸呀！"

爸爸回家了

（不要单独在阳台上玩耍）

　　阳台是呼吸新鲜空气、晾晒衣物、摆放盆栽、娱乐休闲的好地方，但这方寸之地，也暗藏着不少安全隐患，小朋友千万不可大意哦！

妈妈在厨房里忙着做午饭，熊猫贝贝一个人在客厅里看动画片，还不时地传出"咯咯"的笑声。

"嘀、嘀、嘀……" 楼下传来汽车的喇叭声，一定是爸爸回来了！

熊猫贝贝想看看到底是不是爸爸回来了，于是急忙向阳台跑去。

阳台好高呀，什么都看不见，熊猫贝贝只好找来了小凳子，踩在小凳子上的熊猫贝贝终于看到了楼下。

"真的是爸爸！"熊猫贝贝开心极了，可是不小心摔了个屁股蹲儿！还好，只是摔个屁股蹲儿，万一坠到楼下，后果真是不堪设想！

151

神奇的电吹风

（不玩电吹风）

小朋友一定对妈妈的电吹风充满好奇，不过电吹风可不能乱动，因为它吹出的热气，非常容易烫伤小孩子！

美美兔的妈妈有一个漂亮的电吹风，每次洗完澡，妈妈都会拿出电吹风，耐心地吹干头发。

一天，美美兔洗完了头发，突然看到妈妈的电吹风忘在化妆台上。

154

"哈哈，我可以用妈妈的电吹风吹头发了！"
美美兔偷偷地打开了电吹风。

哎呀，好痛！美美兔的脸被烫红了一大块！

"孩子，以后可不能随便用妈妈的电吹风了！"妈妈抱着美美兔，心疼地说。

一起来洗手

（吃东西之前要洗手）

吃东西前如果不洗手，手上的病菌就会跟着食物一起被吃进肚子里，这样会生病的，所以吃东西前一定要把手洗干净哦！

周末，歪歪猴和小伙伴们踢完球，又饿又累地回到家，一进门就大喊："妈妈，我饿了！"

妈妈正在厨房忙碌着，歪歪猴看到餐桌上有一块蛋糕，他连手都没洗，拿起蛋糕就往嘴里放。

"蛋糕真美味呀！"歪歪猴吃得非常开心。

不一会儿，歪歪猴就觉得肚子不舒服，"妈妈，妈妈，我的肚子好疼呀！"歪歪猴难受地说。

"孩子，你一定没有洗手就吃东西了吧！"妈妈说，"这样细菌就会和食物一起进入你的肠胃中，肚子当然会不舒服了！"

163

美味的鸡汤

（不要着急喝热汤）

小朋友喝汤前一定要吹一吹，凉一凉，如果热汤没有凉就喝，非常容易烫伤。

午饭时间到了，妈妈给小猪圈圈端来一大碗热气腾腾的鸡汤。

鸡汤真香呀！小猪圈圈馋得直流口水。"孩子，先不要着急，过一会儿才能喝。"妈妈叮嘱道。

可是鸡汤太香了，小猪圈圈没忍住，他趁妈妈转身进厨房的工夫，偷偷地尝了一小口。

167

鸡汤太烫了，烫伤了小猪圈圈的小嘴。"呜呜呜……"
小猪圈圈哭得好伤心。

"孩子，以后喝汤可不能着急，一定要晾一晾才能喝呀！"
妈妈心疼地说。

皮皮爱吃鱼

（吃鱼的时候要当心鱼刺）

如果鱼刺卡在了喉咙里，不要慌张，要及时去医院向医生寻求帮助。

周末，奶奶做了小猫皮皮最喜欢吃的红烧鱼，皮皮开心极了！

奶奶刚刚把红烧鱼端上桌，皮皮就迫不及待地夹了一大块放进了嘴里。

"孩子，吃鱼可不要太心急了！"奶奶叮嘱道，可是皮皮还是吃得很快，结果不小心把一根鱼刺扎进了喉咙里。

"咳、咳、咳……" 皮皮难受极了！

"孩子，赶快去医院吧！"奶奶焦急地说，"以后吃鱼可不能
这么着急，要仔细别除鱼肉里的鱼刺！"

我想喝水

（不要自己倒开水）

　　暖水瓶浪危险，所以想要喝开水的时候要告诉爸爸妈妈，让爸爸妈妈帮你倒。

一天，熊猫贝贝刚睡醒午觉，有点口渴了。"妈妈，我想喝水！"他喊道。

177

可是妈妈这个时候刚好在卫生间，
贝贝揉揉眼睛，独自走进了厨房。

178

贝贝抱起暖水瓶，想要往杯子里倒水，可是暖水瓶太沉了，贝贝没有捧住，哐当掉在地上，摔了个粉碎！

热水还烫伤了贝贝的脚，
"呜呜……好痛呀！"贝贝哭了
起来。

妈妈把贝贝送进了医院，"妈妈，我再也不自己倒开水了！"贝贝委屈地说。

好多棒棒糖

（吃棒棒糖的时候不乱跑）

不光是吃棒棒糖，吃糖葫芦的时候也不能随意乱跑，以防穿糖葫芦的竹签扎伤喉咙。

妈妈给美美兔买了好多棒
棒糖，看着五颜六色的糖果，
美美兔的心里乐开了花。

183

美美兔打开一个棒棒糖放到嘴里，甜丝丝的，真好吃呀！

"美美兔，快点出来，我们一起去玩滑板车吧！"
好朋友小猪圈圈在楼下喊道。

"圈圈等等我!"美美兔含
着棒棒糖向门外跑去。

"咣当"，美美兔摔倒了，棒棒糖扎痛了她的喉咙。小朋友，你们可不能向她学习呀！

187

甜甜的果冻真好吃

（吃果冻不能整个儿吞下）

吃果冻的时候一定不能着急，如果将果冻整个儿吞下，果冻很可能会卡在气管中，引起窒息，危及生命！

早上，奶奶去超市买了许多蔬菜和水果，还有小猫皮皮最喜欢吃的果冻呢！

189

"奶奶，我最喜欢香香甜甜的果冻了！"
皮皮笑眯眯地打开了一个果冻。

滑滑软软的果冻真是太诱人了！皮皮用力一吸，还没来得及咀嚼，果冻就滑进了喉咙。

人民医院

2楼急诊科

"咳、咳、咳……"皮皮憋得满脸通红，奶奶赶忙把他送进了医院。

皮皮终于脱险了！大象医生叮嘱他："小朋友，以后吃果冻的时候一定不能整个儿吞下去，这样太危险了！"

危险的干燥剂

（千万别吃干燥剂）

干燥剂是用硅胶、生石灰等制成的，是不能食用的。

妈妈从超市里给熊猫贝贝买回了他最喜欢的巧克力饼干，
贝贝非常开心。

195

贝贝打开饼干，迫不及待地吃了起来，吃着吃着，他突然发现包装袋里藏着一个白色的小纸袋。

196

咦，这是什么呀？贝贝觉得非常好奇。

"一定是甜甜的糖果吧！"贝贝拿到鼻子前面闻了闻，想要打开它。

198

妈妈看到了，赶忙阻止道："孩子，这是干燥剂，是用硅胶制成的，可千万不能吃呀！"

安全儿歌

当心坏人施诡计，小朋友们要警惕。
给你糖果不要吃，领你去玩也别去。
独自在家无大人，遇到坏人别慌神。
赶紧拨打１１０，千万不要去开门。
小朋友们要注意，家庭住址要保密。
玩耍一定要结伴，僻静地方别游戏。